KB137378

또바기와 모도리의

야무진 수학

머리말

　수학을 재미있어 하는 아이들은 그리 많지 않다. '수포자(數抛者)'라는 새말이 생길 정도로 아이들과 학부모들에게 걱정 1순위의 과목이 수학이다. 언제, 어떻게 시작을 해야 하는지 고민만 할 뿐 답을 찾지 못한다. 그러다 보니 대부분 취학 전 아이들은 숫자 이해 학습, 덧셈·뺄셈과 같은 단순 연산 반복 학습, 도형 색칠하기 등으로 이루어진 교재로 수학을 처음 접하게 된다.

　수학 공부의 기본 과정은 수학적 개념을 익힌 후, 이를 다양한 문제 상황에 적용하여 수학적 원리를 깨치는 것이다. 아이들을 대상으로 하는 수학 교재들은 대부분 수학의 하위 영역에서 수학적 개념을 튼튼히 쌓게 하는 것보다 반복되는 문제 풀이를 통해 수의 연산 원리를 익히는 것에 초점을 맞추고 있다. 수학의 여러 영역에서 고차적인 수학적 사고력을 높이고 수학 실력을 향상시키기 위해서는 수학을 처음 접하는 시기부터 수학의 여러 하위 영역의 기본 개념을 확실히 짚어 주는 체계적인 수학 공부의 과정이 필요하다.

　『또바기와 모도리의 야무진 수학(또모야-수학)』은 초등학교 1학년 수학의 기초적인 개념과 원리를 바탕으로 6~8세 아이들이 알아야 할 필수적인 수학 개념과 초등 수학 공부에 필수적인 학습 요소를 고려하여 모두 100개의 주제를 선정하여 10권으로 체계화하였다. 각 소단원은 '알아볼까요?-한걸음, 두걸음-실력이 쑥쑥-재미가 솔솔'의 단계로 나뉘어 심화·발전 학습이 이루어지도록 구성하였다. 개념 학습이 이루어진 후, 3단계로 심화·발전되는 체계적인 적용 과정을 통해 자연스럽게 수학적 원리를 익힐 수 있도록 하였다. 아이들이 부모님과 함께 산꼭대기에 오르면 산 아래로 펼쳐진 아름다운 경치와 시원함을 맛볼 수 있듯이, 이 책을 통해 그러한 기분을 경험할 수 있을 것이다. 부모님이나 선생님과 함께 한 단계씩 공부해 가면 초등 수학의 기초적인 개념과 원리를 튼튼히 쌓아 갈 수 있게 된다.

　『또모야-수학』은 수학을 처음 접하는 아이들도 쉽고 재미있게 공부할 수 있도록 구성하고자 했다. 첫째, 소단원 100개의 각 단계는 아이들에게 친근하고 밀접한 장면과 대상을 소재로 활용하였다. 마트, 어린이집, 놀이동산 등 아이들이 실생활에서 경험할 수 있는 다양한 장면과 상황 속에서 수학 공부를 할 수 있도록 구성하였다. 참신하고 기발한 수학적 경험을 통해 수학의 필요성과 유용성을 이해하고 수학 학습의 즐거움을 느낄 수 있도록 하

차례

 **실력이 쑥쑥**

 **재미가 솔솔**

 위, 아래, 가운데를 알아봅시다

 위, 아래, 가운데를 알아봅시다

 와 같이 가장 위쪽에 있으면 '맨 위', 가장 아래쪽에 있으면 '맨 아래'라고 합니다. 보기 옆의 책장에서 맨 위에 있는 것은 ○표, 맨 아래에 있는 것은 △표 해 봅시다.

개미가 애벌레를 찾아가고 있습니다. (위 – 아래 – 맨 위 – 맨 아래 – 가운데) 순서대로 따라가면서 애벌레를 찾아봅시다.

앞에서 배운 기초를 바탕으로 응용 문제를 공부하고 수학 실력을 다집니다.

퍼즐, 미로 찾기, 붙임딱지 등의 다양한 활동으로 수학 공부를 마무리합니다.

등장 인물

또바기
'언제나 한결같이'를
뜻하는 우리말
이름을 가진 귀여운
돼지 친구입니다.

모도리
'빈틈없이 아주 야무진
사람'을 뜻하는
우리말 이름을 가진
아이입니다.

새로미
새로운 것에 호기심이
많고 쾌활하며
당차고 씩씩한
아이입니다.

이렇게 활용해요

 알아볼까요?　　　　　　 한걸음 두걸음

앞, 뒤, 가운데를 알아봅시다

 친구들이 자전거를 타고 있습니다. 여러 가지 방법으로 친구들의 위치를 말해 봅시다.

친구들의 얼굴에
○표 해 보세요.

1 새로미 앞에는 누가 있나요?
2 새로미 뒤에는 누가 있나요?
3 또바기와 모도리의 가운데에는 누가 있나요?

개념이
- 앞: 순서나 차례가 다른 것보다 먼저인 것　예 또바기는 새로미 앞에 있습니다.
- 뒤: 순서나 차례가 다른 것보다 나중인 것　예 모도리는 새로미 뒤에 있습니다.
- 가운데: 순서나 차례가 둘 사이에 있는 것　예 새로미는 또바기와 모도리 가운데에 있습니다.

10

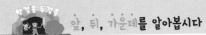 앞, 뒤, 가운데를 알아봅시다

앞에 있는 친구는 ○표, 뒤에 있는 친구는 △표 해 봅시다.

 가운데 있는 친구를 찾아 □표 해 봅시다.

11

생활에서 접할 수 있는 다양한 수학적 상황을
그림으로 재미있게 표현하여 학습 주제를 보여 줍니다.

학습 주제를 알고 공부하는 처음 단계로
수학 공부의 재미를 느끼게 합니다.

학습도우미

생각하기 **1**

학습 주제를 간단한
문제로 나타냅니다.

개념이 쏙쏙

핵심 개념을 쉽고
간단하게 설명합니다.

붙임딱지 1 활용

다양한 붙임딱지로
흥미롭게 학습할 수 있습니다.

였다. 둘째, 아이들의 수준을 고려한 최적의 난이도
와 적정 학습량을 10권으로 나누어 구성하였다. 힘
들고 지루하지 않은 기간 내에 한 권씩 마무리해 가는
과정에서 성취감을 맛볼 수 있으며, 한글을 익히지 못한 아이
도 부모님의 도움을 받아 가정에서 쉽게 학습할 수 있다. 셋째, 스토리텔링(story-
telling) 기법을 도입하여 그림책을 읽는 기분으로 공부할 수 있도록 이야기, 그림, 디자인
을 활용하였다. '모도리'와 '또바기', '새로미'라는 등장인물과 함께 아이들은 문제 해결 과
정에 오랜 시간 흥미를 가지고 집중할 수 있다.

수학적 사고력과 수학 실력을 바탕으로 하지 않으면 기본 생활은 물론이고 직업 세계에
서 좋은 성과를 얻기 어렵다는 것은 강조할 필요가 없다. 『또모야-수학』으로 공부하면서
생활 주변의 현상을 수학적으로 관찰하고 표현하며 즐겁게 문제를 해결하는 경험을 하기
바란다. 그리고 4차 산업혁명 시대의 창의적 역량을 갖춘 융합 인재가 갖추어야 할 수학적
사고력을 길러 나가길 바란다.

2021년 6월
기획 및 저자 일동

저자 약력

기획 및 감수 이병규
현 서울교육대학교 국어교육과 교수
문화체육관광부 국어정책과 학예연구관
문화체육관광부 국립국어원 학예연구사
서울교육대학교 국어교육과 졸업
연세대학교 대학원 문학 석사, 문학 박사
2009 개정 국어과 초등학교 국어 기획 집필위원
2015 개정 교육과정 심의회 국어 소위원회 부위원장
야무진 한글 기획 및 발간
야무진 어휘 공부 기획
근간 국어 문법 교육론(2019) 외 다수의 논저

저자 송준언
현 세종나래초등학교 교사
서울교육대학교 컴퓨터교육과 졸업
서울교육대학교 교육대학원 초등수학교육학과 졸업

저자 김지환
현 서울북가좌초등학교 교사
서울교육대학교 수학교육과 졸업
서울교육대학교 교육대학원 초등수학교육학과 졸업

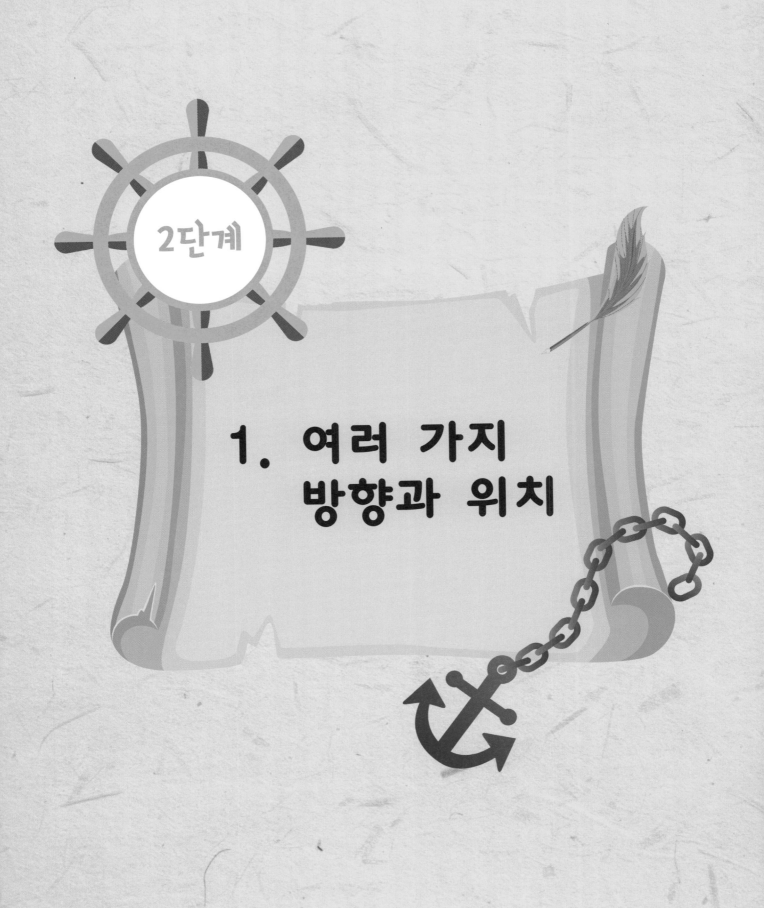

2단계

1. 여러 가지 방향과 위치

앞, 뒤, 가운데를 알아봅시다

친구들이 자전거를 타고 있습니다. 여러 가지 방법으로 친구들의 위치를 말해 봅시다.

1 새로미 앞에는 누가 있나요?

2 새로미 뒤에는 누가 있나요?

3 또바기와 모도리의 가운데에는 누가 있나요?

친구들의 얼굴에
○표 해 보세요.

 개념이 쏙쏙

- **앞**: 순서나 차례가 다른 것보다 먼저인 것 **예** 또바기는 새로미 앞에 있습니다.
- **뒤**: 순서나 차례가 다른 것보다 나중인 것 **예** 모도리는 새로미 뒤에 있습니다.
- **가운데**: 순서나 차례가 둘 사이에 있는 것 **예** 새로미는 또바기와 모도리 가운데에 있습니다.

앞, 뒤, 가운데를 알아봅시다

 앞에 있는 친구는 ○표, 뒤에 있는 친구는 △표 해 봅시다.

 가운데 있는 친구를 찾아 □표 해 봅시다.

11

앞, 뒤, 가운데를 알아봅시다

가장 앞쪽에 있으면 '맨 앞', 가장 뒤쪽에 있으면 '맨 뒤'라고 합니다. 보기와 같이 맨 앞은 ○표, 맨 뒤는 △표 해 봅시다. (2 에서 술래는 제외합니다.)

1

2

누가 움직일까…….

12

앞, 뒤, 가운데를 알아봅시다

 친구들과 함께 말판 놀이를 해 봅시다.

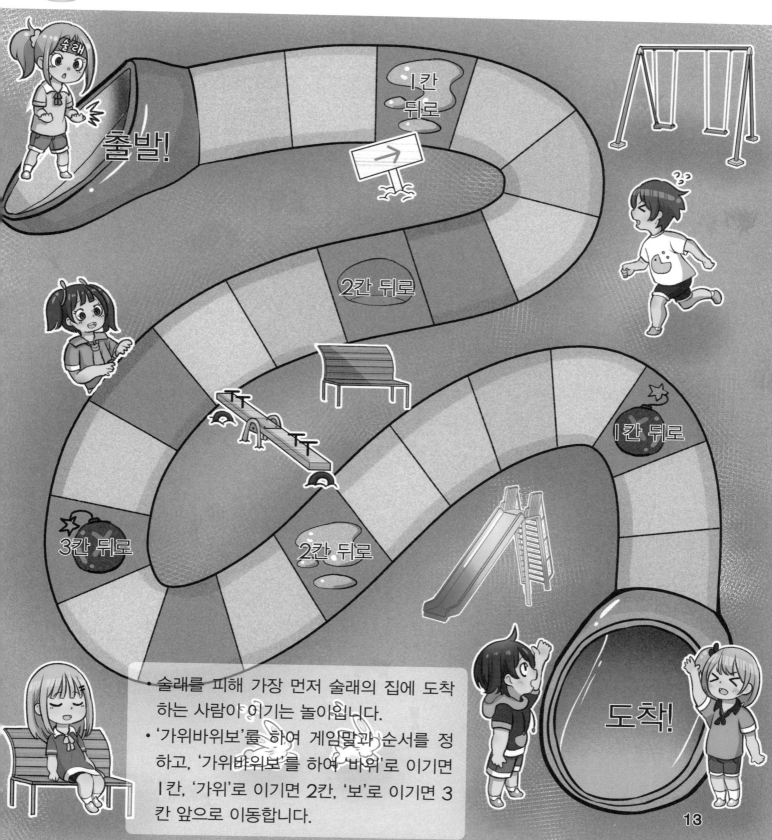

출발!

1칸 뒤로

2칸 뒤로

1칸 뒤로

3칸 뒤로

2칸 뒤로

도착!

- 술래를 피해 가장 먼저 술래의 집에 도착하는 사람이 이기는 놀이입니다.
- '가위바위보'를 하여 게임말과 순서를 정하고, '가위바위보'를 하여 '바위'로 이기면 1칸, '가위'로 이기면 2칸, '보'로 이기면 3칸 앞으로 이동합니다.

위, 아래, 가운데를 알아봅시다

 친구들이 서점에서 책을 고르고 있습니다. 친구들이 각각 어느 위치에서 책을 고르는지 말해 봅시다.

1 위에 있는 책은 누가 고르고 있나요?

2 가운데에 있는 책은 누가 고르고 있나요?

3 아래에 있는 책은 누가 고르고 있나요?

친구들의 얼굴에 ○표 해 보세요.

개념이 쏙쏙

- **위**: 어떤 기준이나 물건보다 더 높이 있는 것 ⑩ 새로미가 고른 책은 **위**에 있습니다.
- **아래**: 어떤 기준이나 물건보다 더 낮게 있는 것 ⑩ 또바기가 고른 책은 **아래**에 있습니다.
- **가운데**: 순서나 차례가 둘 사이에 있는 것 ⑩ 모도리가 고른 책은 **가운데**에 있습니다.

위, 아래, 가운데를 알아봅시다

 위에 있는 친구는 빨간색으로, 아래에 있는 친구는 파란색으로 색칠해 봅시다.

 냉장고에서 가운데 있는 음식을 찾아 ○표 해 봅시다.

위, 아래, 가운데를 알아봅시다

 보기 와 같이 가장 위쪽에 있으면 '맨 위', 가장 아래쪽에 있으면 '맨 아래'라고 합니다. 보기 옆의 책장에서 맨 위에 있는 것은 ○표, 맨 아래에 있는 것은 △표 해 봅시다.

16

위, 아래, 가운데를 알아봅시다

 개미가 애벌레를 찾아가고 있습니다. (위 – 아래 – 맨 위 – 맨 아래 – 가운데) 순서대로 따라가면서 애벌레를 찾아봅시다.

17

오른쪽, 왼쪽, 옆을 알아봅시다

 친구들이 만화 영화를 보고 있습니다. 친구들이 앉아 있는 위치를 말해 봅시다.

왼쪽

오른쪽

1 오른쪽에는 누가 있나요?

2 왼쪽에는 누가 있나요?

3 새로미 옆에는 누가 있나요?

친구들의 얼굴에
○표 해 보세요.

개념이 쏙쏙

- **오른쪽**: 오른손과 같은 방향에 있는 것 ㉔ 모도리는 새로미 **오른쪽**에 있습니다.
- **왼쪽**: 왼손과 같은 방향에 있는 것 ㉔ 또바기는 새로미 **왼쪽**에 있습니다.
- **옆**: 어떤 물건의 오른쪽이나 왼쪽, 또는 그 근처 ㉔ 또바기와 모도리는 새로미 **옆**에 있습니다.

오른쪽, 왼쪽, 옆을 알아봅시다

 둘 중 오른쪽은 보라색으로, 왼쪽은 주황색으로 색칠해 봅시다.

 모도리 옆에 있는 친구를 점선을 따라 그려 봅시다.

19

오른쪽, 왼쪽, 옆을 알아봅시다

 청기백기 놀이에서 청기와 백기를 각각 몇 번 들었는지 보기와 같이 빈칸에 수를 써 봅시다.

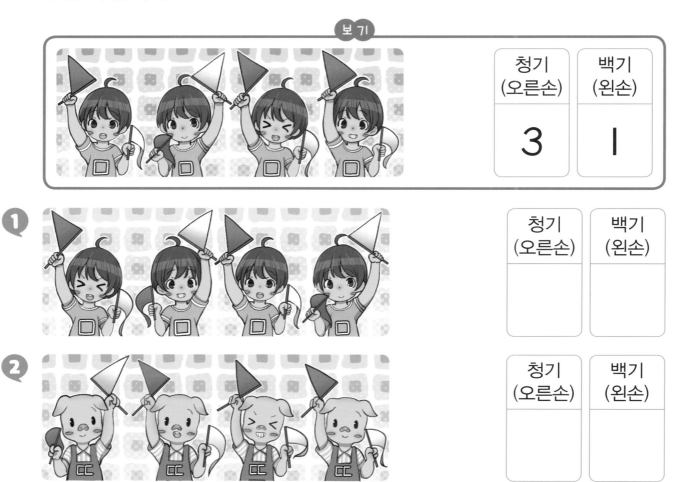

보기

청기 (오른손)	백기 (왼손)
3	1

1

청기 (오른손)	백기 (왼손)

2

청기 (오른손)	백기 (왼손)

 청기와 백기를 든 수에 맞도록 붙임딱지를 붙여 봅시다. 붙임딱지 ❶ 활용

청기 (오른손)	백기 (왼손)
2	2

20

오른쪽, 왼쪽, 옆을 알아봅시다

 새로미가 놀이터에서 출발하여 집을 찾아가고 있습니다. 갈림길에서 (오른쪽 – 왼쪽 – 오른쪽 – 왼쪽) 순서대로 따라가 새로미의 집을 찾아가 봅시다.

21

2단계

2. 비교해 보기

높이, 깊이, 거리를 비교해 봅시다

 그림을 보고, 높이, 깊이, 거리를 비교해 ○표 해 봅시다.

생각하기 1 새와 연 중에 어느 것이 더 높이 있나요?

생각하기 2 거북과 물고기 중에 어느 것이 더 깊은 곳에 있나요?

생각하기 3 또바기와 강아지 중에 어느 것이 모도리로부터 더 멀리 있나요?

개념이 쑥쑥

- **높이**: 아래에서 위까지 얼마나 떨어져 있는지를 나타내며, **높다**와 **낮다**로 표현합니다.
- **깊이**: 땅에서 땅속까지, 물 위에서 물속까지, 겉에서 속까지 얼마나 떨어져 있는지를 나타내며, **깊다**와 **얕다**로 표현합니다.
- **거리**: 한곳에서 물건이나 장소가 얼마나 멀리 떨어져 있는지를 나타내며, **멀다**와 **가깝다**로 표현합니다.

높이, 깊이, 거리를 비교해 봅시다

 높이가 높은 것은 ○표, 낮은 것은 △표 해 봅시다.

1

2

깊이가 깊은 것은 ○표, 얕은 것은 △표 해 봅시다.

1

2

거리가 먼 것은 ○표, 가까운 것은 △표 해 봅시다.

1

2

 순서대로 1, 2, 3을 빈칸에 써 봅시다.

1 높이가 가장 높은 것부터 순서대로 쓰세요.

2 깊이가 가장 깊은 것부터 순서대로 쓰세요.

3 치즈에서 거리가 가장 가까운 것부터 순서대로 쓰세요.

높이, 깊이, 거리를 비교해 봅시다

 높이, 깊이, 거리를 비교하여 알맞은 말을 찾아 연결해 봅시다.

| 멀다 | 깊다 | 높다 | 가깝다 | 얕다 | 낮다 |

깊이   거리   높이

굵기, 두께, 넓이를 비교해 봅시다

 그림을 보고, 굵기, 두께, 넓이를 비교해 봅시다.

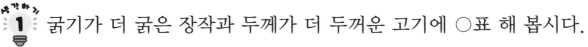 굵기가 더 굵은 장작과 두께가 더 두꺼운 고기에 ○표 해 봅시다.

 넓이가 더 넓은 테이블에 ○표 해 봅시다.

개념이 쏙쏙

- **굵기**: 기둥 모양 물건의 둘레의 크기가 얼마나 되는지를 나타내며, **굵다**와 **가늘다**로 표현합니다.
- **두께**: 물건이 얼마나 두꺼운지를 나타내며, **두껍다**와 **얇다**로 표현합니다.
- **넓이**: 어떤 곳의 크기가 얼마나 되는지를 나타내며, **넓다**와 **좁다**로 표현합니다.

굵기, 두께, 넓이를 비교해 봅시다

 굵기가 굵은 것은 주황색, 가는 것은 보라색으로 색칠해 봅시다.

①

②

 두께가 두꺼운 것은 주황색, 얇은 것은 보라색으로 색칠해 봅시다.

①

②

 넓이가 넓은 것은 주황색, 좁은 것은 보라색으로 색칠해 봅시다.

①

②

31

굵기, 두께, 넓이를 비교해 봅시다

 보기와 같이 굵기를 표시하고, 굵기가 가장 굵은 것에 ○표 해 봅시다.

보기

 보기와 같이 두께를 표시하고, 두께가 가장 두꺼운 것에 ○표 해 봅시다.

보기

 넓이가 넓은 것부터 빈칸에 순서대로 1, 2, 3을 써 봅시다.

32

굵기, 두께, 넓이를 비교해 봅시다

 굵기, 두께, 넓이를 비교하여 알맞은 말을 찾아 연결해 봅시다.

좁다

굵다

두께

얇다

굵기

가늘다

넓다

넓이

두껍다

길이, 무게, 들이를 비교해 봅시다

 그림을 보고, 길이, 무게, 들이를 비교해 봅시다.

1 길이가 더 긴 침대에 ○표 해 봅시다.

2 무게가 더 무거운 친구에 ○표 해 봅시다.

3 음식을 더 많이 담을 수 있는 냄비에 ○표 해 봅시다.

개념이

- **길이**: 한 끝에서 다른 끝까지의 거리를 나타내며, **길다**와 **짧다**로 표현합니다.
- **무게**: 물건이 얼마나 무거운지를 나타내며, **무겁다**와 **가볍다**로 표현합니다.
- **들이**: 통이나 그릇에 얼마나 담을 수 있는지를 나타내며, **많다**와 **적다**로 표현합니다.

길이, 무게, 들이를 비교해 봅시다

 길이가 더 긴 것을 점선을 따라 그려 봅시다.

 무게가 더 무거운 것을 점선을 따라 그려 봅시다.

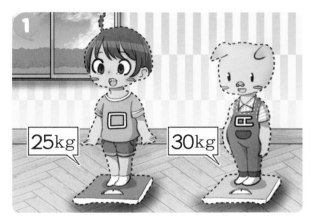

 더 많이 들어 있는 것을 점선을 따라 그려 봅시다.

길이, 무게, 들이를 비교해 봅시다

 길이가 짧은 것부터 빈칸에 순서대로 1, 2, 3을 써 봅시다.

 무게가 가벼운 것부터 빈칸에 순서대로 1, 2, 3을 써 봅시다.

 들이가 적은 것부터 빈칸에 순서대로 1, 2, 3을 써 봅시다.

길이, 무게, 들이를 비교해 봅시다

 길이, 무게, 들이를 비교하여 알맞은 말을 찾아 연결해 봅시다.

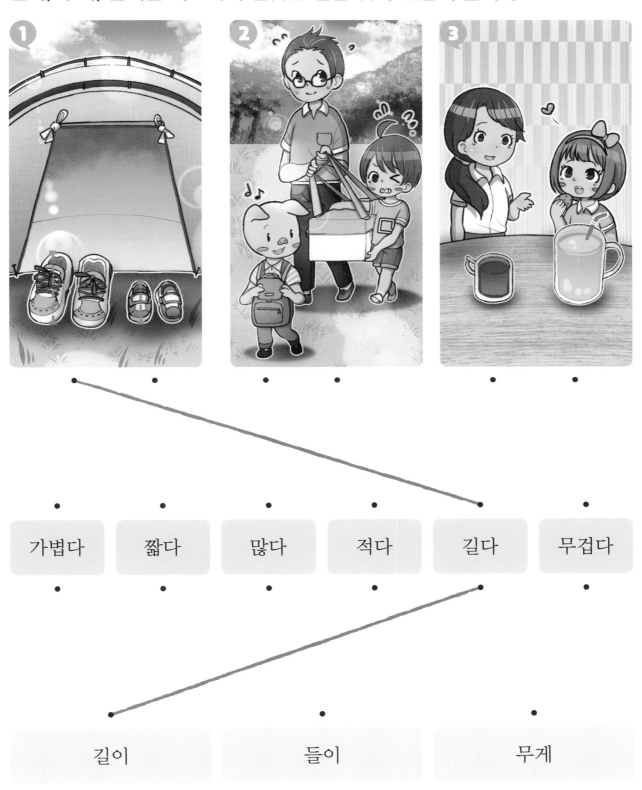

| 가볍다 | 짧다 | 많다 | 적다 | 길다 | 무겁다 |

길이   들이   무게

37

2단계

3. 여러 가지
방향과 순서

앞과 뒤 순서를 알아봅시다

 친구들이 버스를 타기 위해 줄을 서 있습니다. 친구들의 앞, 뒤 순서를 세어 봅시다.

1 또바기는 앞에서 몇째인가요?

2 새로미는 뒤에서 몇째인가요?

개념이 쏙쏙

앞에서 첫째	앞에서 둘째	앞에서 셋째	앞에서 넷째	앞에서 다섯째	앞에서 여섯째	앞에서 일곱째	앞에서 여덟째	앞에서 아홉째
1	2	3	4	5	6	7	8	9
뒤에서 아홉째	뒤에서 여덟째	뒤에서 일곱째	뒤에서 여섯째	뒤에서 다섯째	뒤에서 넷째	뒤에서 셋째	뒤에서 둘째	뒤에서 첫째

앞과 뒤 순서를 알아봅시다

 앞, 뒤 순서를 알맞게 찾아봅시다.

1 앞에서 여섯째인 친구에 ○표, 뒤에서 둘째인 친구에 △표 해 보세요.

2 앞에서 다섯째 기차에 ○표, 뒤에서 다섯째 기차에 △표 해 보세요.

3 앞에서 셋째인 친구에 ○표, 뒤에서 넷째인 친구에 △표 해 보세요.

앞과 뒤 순서를 알아봅시다

 앞, 뒤 순서를 세고, 알맞은 순서에 ○표 해 봅시다.

1

버스는 앞에서 (첫째, 넷째), 뒤에서 (첫째, 넷째)
입니다.

2

모도리는 앞에서 (셋째, 다섯째), 또바기는 뒤에서
(셋째, 다섯째)입니다.

3

새로미는 뒤에서 (셋째, 여덟째), 또바기는 앞에서
(셋째, 여덟째)입니다.

앞과 뒤 순서를 알아봅시다

 친구들이 기차 놀이를 하고 있습니다. 친구들을 색칠해 봅시다.

- 앞에서 다섯째는 파란색, 앞에서 셋째는 노란색, 앞에서 여섯째는 남색, 앞에서 첫째는 빨간색으로 색칠하세요.
- 뒤에서 첫째는 보라색, 뒤에서 넷째는 초록색, 뒤에서 여섯째는 주황색으로 색칠하세요.

위와 아래 순서를 알아봅시다

 영화관으로 가려면 몇 층으로 가야 하는지 순서를 세어 확인해 봅시다.

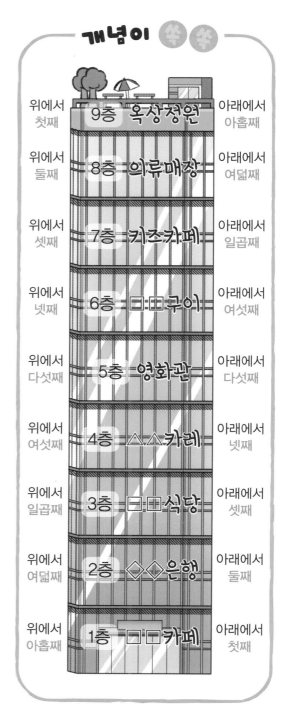

개념이 쑥쑥

위에서	층		아래에서
위에서 첫째	9층	옥상정원	아래에서 아홉째
위에서 둘째	8층	의류매장	아래에서 여덟째
위에서 셋째	7층	키즈카페	아래에서 일곱째
위에서 넷째	6층	ㅁㅁ구이	아래에서 여섯째
위에서 다섯째	5층	영화관	아래에서 다섯째
위에서 여섯째	4층	△△카레	아래에서 넷째
위에서 일곱째	3층	ㅂㅁ식당	아래에서 셋째
위에서 여덟째	2층	◇◇은행	아래에서 둘째
위에서 아홉째	1층	ㅁㅁ카페	아래에서 첫째

 영화관은 몇 층에 있나요?

 영화관은 위에서 몇째에 있나요?

위와 아래 순서를 알아봅시다

 위, 아래 순서를 찾아 색칠해 봅시다.

1 위에서 둘째 사람은 빨간색으로, 아래에서 넷째 사람은 주황색으로 색칠해 보세요.

3 위에서 여섯째 층은 파란색, 아래에서 일곱째 층은 보라색 으로 색칠해 보세요.

2 위에서 다섯째 사람은 노란색으로, 아래에서 셋째 사람은 초록색으로 색칠해 보세요.

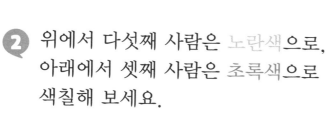

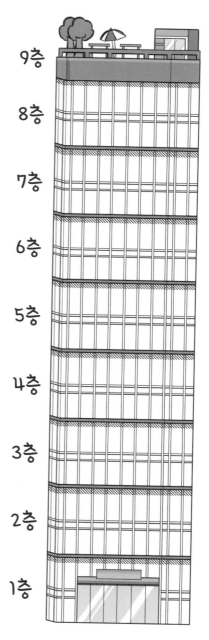

9층
8층
7층
6층
5층
4층
3층
2층
1층

위와 아래 순서를 알아봅시다

 위, 아래 순서를 세고, 순서에 맞게 선을 연결하여 봅시다.

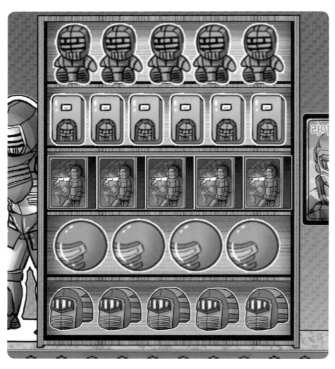

1 ·   · 아래에서
다섯째

2 ·   · 위에서
셋째

3 ·   · 아래에서
둘째

4 ·   · 위에서
첫째

5 ·   · 위에서
넷째

6 ·   · 아래에서
둘째

46

위와 아래 순서를 알아봅시다

 친구들의 위치를 찾아보고, 빈칸에 붙임딱지로 붙여 봅시다.　　붙임딱지 ❶ 활용

❶ ☐ 는 위에서 셋째입니다.　**❷** ☐ 는 아래에서 첫째입니다.

❸ ☐ 는 위에서 다섯째입니다.　**❹** ☐ 는 아래에서 다섯째입니다.

❺ ☐ 는 위에서 일곱째입니다.　**❻** ☐ 는 아래에서 셋째입니다.

❼ ☐ 는 위에서 둘째입니다.　**❽** ☐ 는 아래에서 여덟째입니다.

오른쪽과 왼쪽 순서를 알아봅시다

 친구들이 뷔페 식당에 들어갔습니다. 친구들의 오른쪽, 왼쪽 순서를 세어 봅시다.

 1 스테이크는 왼쪽에서 몇째인가요?

2 김밥은 오른쪽에서 몇째인가요?

개념이 쏙쏙

왼쪽에서 첫째	왼쪽에서 둘째	왼쪽에서 셋째	왼쪽에서 넷째	왼쪽에서 다섯째	왼쪽에서 여섯째	왼쪽에서 일곱째	왼쪽에서 여덟째	왼쪽에서 아홉째
오른쪽에서 아홉째	오른쪽에서 여덟째	오른쪽에서 일곱째	오른쪽에서 여섯째	오른쪽에서 다섯째	오른쪽에서 넷째	오른쪽에서 셋째	오른쪽에서 둘째	오른쪽에서 첫째

오른쪽과 왼쪽 순서를 알아봅시다

 오른쪽, 왼쪽 순서를 알맞게 찾아봅시다.

1 왼쪽에서 둘째에는 ○표, 오른쪽에서 첫째에는 △표 해 보세요.

2 왼쪽에서 셋째에는 ○표, 오른쪽에서 넷째에는 △표 해 보세요.

3 왼쪽에서 다섯째는 ○표, 오른쪽에서 셋째는 △표 해 보세요.

오른쪽과 왼쪽 순서를 알아봅시다

 오른쪽, 왼쪽 순서를 세고, 순서에 맞게 선을 연결하여 봅시다.

1 · · 오른쪽에서 셋째

2 · · 왼쪽에서 여섯째

3 · · 왼쪽에서 다섯째

4 · · 오른쪽에서 다섯째

5 · · 왼쪽에서 셋째

6 · · 오른쪽에서 여섯째

오른쪽과 왼쪽 순서를 알아봅시다

 친구들이 의자에 앉아 인형극을 관람하고 있습니다. 알맞은 순서에 선을 연결해 봅시다.

| 왼쪽에서 셋째 | 오른쪽에서 셋째 | 왼쪽에서 첫째 | 오른쪽에서 둘째 | 왼쪽에서 넷째 | 오른쪽에서 첫째 | 왼쪽에서 둘째 |

위치를 찾아봅시다

 친구들이 찾는 그림책의 위치를 찾아봅시다.

학습만화　학습지　그림책　동화책

우리가 찾던 그림책이 어디에 있지?

일단 왼쪽에서 셋째 책장이야.

그 책장의 아래에서 둘째 칸에 그림책이 있어.

 친구들이 찾는 그림책이 있는 책장에 □표 해 보세요.

 친구들이 찾는 그림책의 위치를 찾아 ○표 해 보세요.

위치를 찾는 방법
- 앞, 뒤 순서가 몇째인지 찾습니다.
- 위, 아래 순서가 몇째인지 찾습니다.
- 오른쪽, 왼쪽 순서가 몇째인지 찾습니다.

위치를 찾아봅시다

 위치를 찾아 순서에 맞게 선을 연결하여 봅시다.

① · · 위에서 첫째 ·

② · · 위에서 둘째 · · 왼쪽 진열대

③ · · 위에서 넷째 · · 가운데 진열대

④ · · 아래에서 첫째 · · 오른쪽 진열대

⑤ · · 아래에서 셋째 ·

위치를 찾아봅시다

 아래 설명을 보고, 친구들의 자리를 찾아 보기 와 같이 표시해 봅시다.

 뒤에서 둘째 줄을 찾아 가로로 빨간색 선을 그어 보세요.
그 줄에서 오른쪽에서 셋째자리에 ○표 해 보세요.

 오른쪽에서 넷째 줄을 찾아 세로로 초록색 선을 그어 보세요.
그 줄에서 뒤에서 둘째자리에 □표 해 보세요.

 왼쪽에서 셋째 줄을 찾아 세로로 파란색 선을 그어 보세요.
그 줄에서 앞에서 넷째자리에 △표 해 보세요.

위치를 찾아봅시다

건물들의 위치를 찾아 붙임딱지를 붙여 지도를 완성해 봅시다. 그리고 새로미의 집을 찾아가 봅시다.

붙임딱지 1 활용

→ 출발

 • 위에서 첫째
• 왼쪽에서 둘째

 • 아래에서 셋째
• 오른쪽에서 첫째

 • 아래에서 첫째
• 오른쪽에서 셋째

 • 위에서 둘째
• 오른쪽에서 둘째

 • 아래에서 첫째
• 왼쪽에서 첫째

 • 위에서 첫째
• 왼쪽에서 넷째

상장

이름: _____

위 어린이는 또바기와 모도리의

야무진 수학 2단계를 훌륭하게 마쳤으므로

이 상장을 주어 칭찬합니다.

년   월   일

야무진 수학 2단계

10쪽

앞, 뒤, 가운데를 알아봅시다

친구들이 자전거를 타고 있습니다. 여러 가지 방법으로 친구들의 위치를 말해 봅시다.

1 새로미 앞에는 누가 있나요?

2 새로미 뒤에는 누가 있나요?

3 또바기와 모도리의 가운데에는 누가 있나요?

친구들의 얼굴에 ○표 해 보세요.

개념이
- 앞: 순서나 차례가 다른 것보다 먼저인 것 예 또바기는 새로미 앞에 있습니다.
- 뒤: 순서나 차례가 다른 것보다 나중인 것 예 모도리는 새로미 뒤에 있습니다.
- 가운데: 순서나 차례가 둘 사이에 있는 것 예 새로미는 또바기와 모도리 가운데에 있습니다.

10

11쪽

앞, 뒤, 가운데를 알아봅시다

앞에 있는 친구는 ○표, 뒤에 있는 친구는 △표 해 봅시다.

가운데 있는 친구를 찾아 □표 해 봅시다.

11

12쪽

앞, 뒤, 가운데를 알아봅시다

가장 앞쪽에 있으면 '맨 앞', 가장 뒤쪽에 있으면 '맨 뒤'라고 합니다. 보기와 같이 맨 앞은 ○표, 맨 뒤는 △표 해 봅시다. (**2**에서 술래는 제외합니다.)

1

보기

2

누가 움직일까……

12

13쪽

앞, 뒤, 가운데를 알아봅시다

친구들과 함께 말판 놀이를 해 봅시다.

- 술래를 피해 가장 먼저 술래의 집에 도착하는 사람이 이기는 놀이입니다.
- '가위바위보'를 하여 게임말과 순서를 정하고, '가위바위보'를 하여 '바위'로 이기면 1칸, '가위'로 이기면 2칸, '보'로 이기면 3칸 앞으로 이동합니다.

13

14쪽

위, 아래, 가운데를 알아봅시다

친구들이 서점에서 책을 고르고 있습니다. 친구들이 각각 어느 위치에서 책을 고르는지 말해 봅시다.

1 위에 있는 책은 누가 고르고 있나요?

2 가운데에 있는 책은 누가 고르고 있나요?

3 아래에 있는 책은 누가 고르고 있나요?

친구들의 얼굴에 ○표 해 보세요.

개념이

- 위: 어떤 기준이나 물건보다 더 높이 있는 것 예 새로미가 고른 책은 위에 있습니다.
- 아래: 어떤 기준이나 물건보다 더 낮게 있는 것 예 또바기가 고른 책은 아래에 있습니다.
- 가운데: 순서나 차례가 둘 사이에 있는 것 예 모도리가 고른 책은 가운데에 있습니다.

14

15쪽

위, 아래, 가운데를 알아봅시다

위에 있는 친구는 빨간색으로, 아래에 있는 친구는 파란색으로 색칠해 봅시다.

냉장고에서 가운데 있는 음식을 찾아 ○표 해 봅시다.

15

16쪽

위, 아래, 가운데를 알아봅시다

보기와 같이 가장 위쪽에 있으면 '맨 위', 가장 아래쪽에 있으면 '맨 아래'라고 합니다. 보기 옆의 책장에서 맨 위에 있는 것은 ○표, 맨 아래에 있는 것은 △표 해 봅시다.

16

17쪽

위, 아래, 가운데를 알아봅시다

개미가 애벌레를 찾아가고 있습니다. (위 - 아래 - 맨 위 - 맨 아래 - 가운데) 순서대로 따라가면서 애벌레를 찾아봅시다.

17

18쪽

19쪽

20쪽

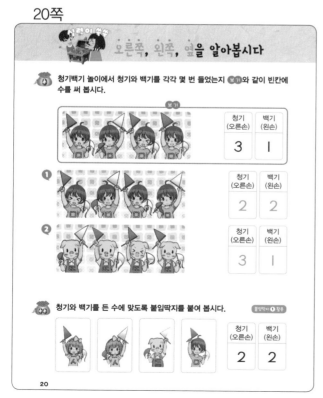

21쪽

높이, 깊이, 거리를 비교해 봅시다

그림을 보고, 높이, 깊이, 거리를 비교해 ○표 해 봅시다.

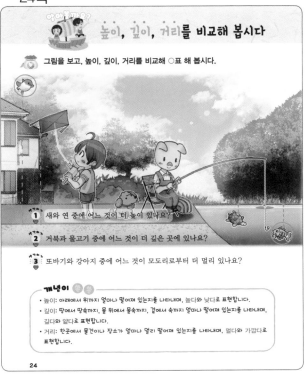

1 새와 연 중에 어느 것이 더 높이 있나요?

2 거북과 물고기 중에 어느 것이 더 깊은 곳에 있나요?

3 또바기와 강아지 중에 어느 것이 모도리로부터 더 멀리 있나요?

개념이

- 높이: 아래에서 위까지 얼마나 떨어져 있는지를 나타내며, 높다와 낮다로 표현합니다.
- 깊이: 땅에서 땅속까지, 물 위에서 물속까지, 겉에서 속까지 얼마나 떨어져 있는지를 나타내며, 깊다와 얕다로 표현합니다.
- 거리: 한곳에서 물건이나 장소가 얼마나 멀리 떨어져 있는지를 나타내며, 멀다와 가깝다로 표현합니다.

24

높이, 깊이, 거리를 비교해 봅시다

높이가 높은 것은 ○표, 낮은 것은 △표 해 봅시다.

1

2

25

깊이가 깊은 것은 ○표, 얕은 것은 △표 해 봅시다.

1

2

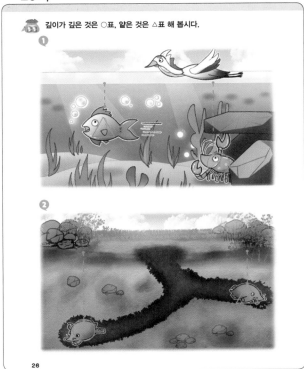

26

거리가 먼 것은 ○표, 가까운 것은 △표 해 봅시다.

1

2

27

61

28쪽

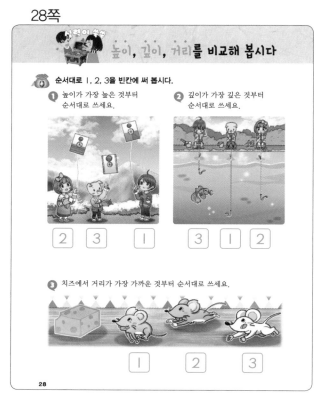

29쪽

30쪽

31쪽

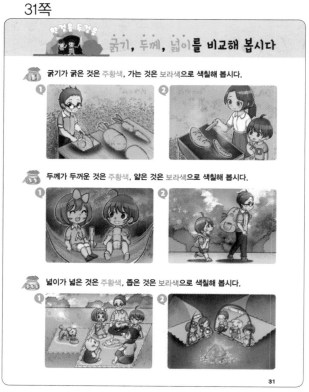

32쪽

33쪽

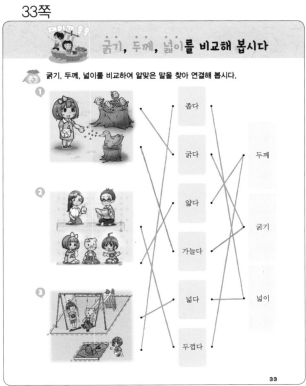

34쪽

35쪽

야무진 수학 2단계

36쪽

길이, 무게, 들이를 비교해 봅시다

길이가 짧은 것부터 빈칸에 순서대로 1, 2, 3을 써 봅시다.

1   2   3

무게가 가벼운 것부터 빈칸에 순서대로 1, 2, 3을 써 봅시다.

1   3   2

들이가 적은 것부터 빈칸에 순서대로 1, 2, 3을 써 봅시다.

3   2   1

36

37쪽

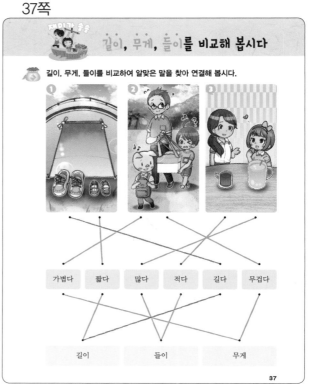

길이, 무게, 들이를 비교해 봅시다

길이, 무게, 들이를 비교하여 알맞은 말을 찾아 연결해 봅시다.

가볍다 짧다 많다 적다 길다 무겁다

길이   들이   무게

37

40쪽

앞과 뒤 순서를 알아봅시다

친구들이 버스를 타기 위해 줄을 서 있습니다. 친구들의 앞, 뒤 순서를 세어 봅시다.

또바기는 앞에서 몇째인가요?

새로미는 뒤에서 몇째인가요? 다섯째

개념이

앞에서 첫째	앞에서 둘째	앞에서 셋째	앞에서 넷째	앞에서 다섯째	앞에서 여섯째	앞에서 일곱째	앞에서 여덟째	앞에서 아홉째
1	2	3	4	5	6	7	8	9
뒤에서 아홉째	뒤에서 여덟째	뒤에서 일곱째	뒤에서 여섯째	뒤에서 다섯째	뒤에서 넷째	뒤에서 셋째	뒤에서 둘째	뒤에서 첫째

40

41쪽

앞과 뒤 순서를 알아봅시다

앞, 뒤 순서를 알맞게 찾아봅시다.

① 앞에서 여섯째인 친구에 ○표, 뒤에서 둘째인 친구에 △표 해 보세요.

② 앞에서 다섯째 기차에 ○표, 뒤에서 다섯째 기차에 △표 해 보세요.

③ 앞에서 셋째인 친구에 ○표, 뒤에서 넷째인 친구에 △표 해 보세요.

41

64

42쪽

앞과 뒤 순서를 알아봅시다

앞, 뒤 순서를 세고, 알맞은 순서에 ○표 해 봅시다.

❶
버스는 앞에서 (첫째, (넷째)), 뒤에서 ((첫째), 넷째)
입니다.

❷
모도리는 앞에서 (셋째, (다섯째)), 또바기는 뒤에서
((셋째), 다섯째)입니다.

❸
새로미는 뒤에서 (셋째, (여덟째)), 또바기는 앞에서
((셋째), 여덟째)입니다.

42

43쪽

앞과 뒤 순서를 알아봅시다

친구들이 기차 놀이를 하고 있습니다. 친구들을 색칠해 봅시다.

- 앞에서 다섯째는 파란색, 앞에서 셋째는 노란색, 앞에서 여섯째는 남색, 앞에서 첫째는 빨간색으로 색칠하세요.
- 뒤에서 첫째는 보라색, 뒤에서 넷째는 초록색, 뒤에서 여섯째는 주황색으로 색칠하세요.

43

44쪽

위와 아래 순서를 알아봅시다

영화관으로 가려면 몇 층으로 가야 하는지 순서를 세어 확인해 봅시다.

개념이		
위에서 첫째	9층 옥상정원	아래에서 아홉째
위에서 둘째	8층 의류매장	아래에서 여덟째
위에서 셋째	7층 국수가게	아래에서 일곱째
위에서 넷째	6층 국어	아래에서 여섯째
위에서 다섯째	5층 영화관	아래에서 다섯째
위에서 여섯째	4층 머리	아래에서 넷째
위에서 일곱째	3층	아래에서 셋째
위에서 여덟째	2층	아래에서 둘째
위에서 아홉째	1층 구리	아래에서 첫째

1 영화관은 몇 층에 있나요? 5층

2 영화관은 위에서 몇째에 있나요? 다섯째

44

45쪽

위와 아래 순서를 알아봅시다

위, 아래 순서를 찾아 색칠해 봅시다.

❶ 위에서 둘째 사람은 빨간색으로, 아래에서 넷째 사람은 주황색으로 색칠해 보세요.

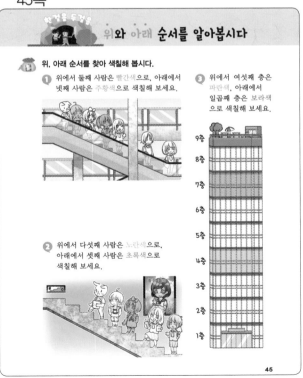

❷ 위에서 다섯째 사람은 노란색으로, 아래에서 셋째 사람은 초록색으로 색칠해 보세요.

❸ 위에서 여섯째 층은 파란색, 아래에서 일곱째 층은 보라색으로 색칠해 보세요.

9층
8층
7층
6층
5층
4층
3층
2층
1층

45

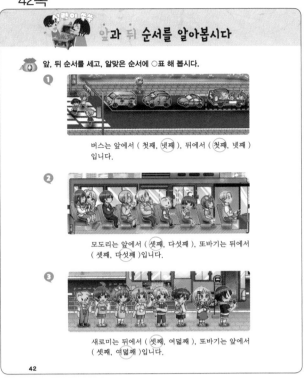

46쪽

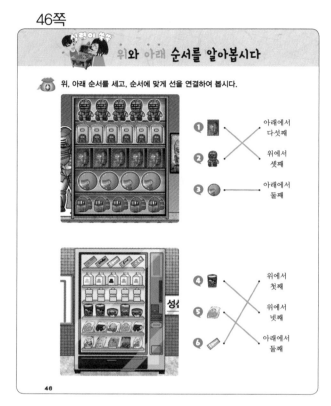

47쪽

48쪽

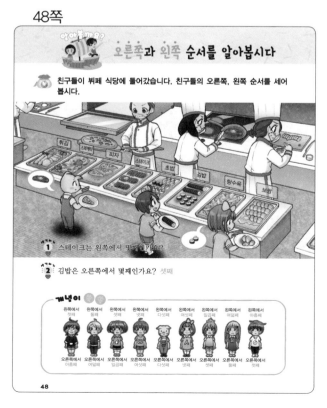

49쪽

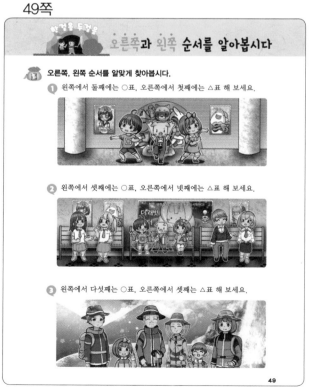

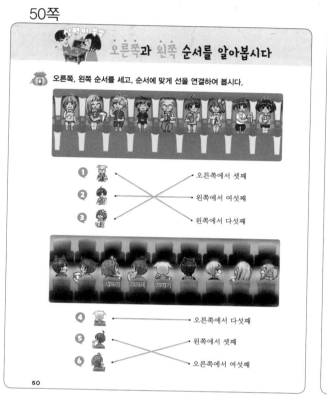

오른쪽, 왼쪽 순서를 세고, 순서에 맞게 선을 연결하여 봅시다.

1 ─── 오른쪽에서 셋째
2 ─── 왼쪽에서 여섯째
3 ─── 왼쪽에서 다섯째

4 ─── 오른쪽에서 다섯째
5 ─── 왼쪽에서 셋째
6 ─── 오른쪽에서 여섯째

50

오른쪽과 왼쪽 순서를 알아봅시다

친구들이 의자에 앉아 인형극을 관람하고 있습니다. 알맞은 순서에 선을 연결해 봅시다.

왼쪽에서 셋째 / 오른쪽에서 셋째 / 왼쪽에서 첫째 / 오른쪽에서 둘째 / 왼쪽에서 넷째 / 오른쪽에서 첫째 / 왼쪽에서 둘째

51

위치를 찾아봅시다

친구들이 찾는 그림책의 위치를 찾아봅시다.

학습만화   학습지   그림책   동화책

우리가 찾던 그림책이 어디에 있지?

일단 왼쪽에서 셋째 책장이야.

그 책장의 아래에서 둘째 칸에 그림책이 있어.

1 친구들이 찾는 그림책이 있는 책장에 □표 해 보세요.

2 친구들이 찾는 그림책의 위치를 찾아 ○표 해 보세요.

개념이

위치를 찾는 방법
• 앞, 뒤 순서가 몇째인지 찾습니다.
• 위, 아래 순서가 몇째인지 찾습니다.
• 오른쪽, 왼쪽 순서가 몇째인지 찾습니다.

52

위치를 찾아봅시다

위치를 찾아 순서에 맞게 선을 연결하여 봅시다.

1 ─── 위에서 첫째
2 ─── 위에서 둘째 ─── 왼쪽 진열대
3 ─── 위에서 넷째 ─── 가운데 진열대
4 ─── 아래에서 첫째 ─── 오른쪽 진열대
5 ─── 아래에서 셋째

53

67

54쪽

위치를 찾아봅시다

아래 설명을 보고, 친구들의 자리를 찾아 **보기** 와 같이 표시해 봅시다.

1 뒤에서 둘째 줄을 찾아 가로로 빨간색 선을 그어 보세요.
그 줄에서 오른쪽에서 셋째자리에 ○표 해 보세요.

2 오른쪽에서 넷째 줄을 찾아 세로로 초록색 선을 그어 보세요.
그 줄에서 뒤에서 둘째자리에 □표 해 보세요.

3 왼쪽에서 셋째 줄을 찾아 세로로 파란색 선을 그어 보세요.
그 줄에서 앞에서 넷째자리에 △표 해 보세요.

54

55쪽

위치를 찾아봅시다

건물들의 위치를 찾아 붙임딱지를 붙여 지도를 완성해 봅시다. 그리고
새로미의 집을 찾아가 봅시다.

1 • 위에서 첫째
• 왼쪽에서 둘째

2 • 아래에서 셋째
• 오른쪽에서 첫째

3 • 아래에서 첫째
• 오른쪽에서 셋째

4 • 위에서 둘째
• 오른쪽에서 둘째

5 • 아래에서 첫째
• 왼쪽에서 첫째

6 • 위에서 첫째
• 왼쪽에서 넷째

55